探索 **宇宙奥秘**

地球寻踪

科普文化站◎主编

应急管理出版社

·北京·

图书在版编目（CIP）数据

地球寻踪／科普文化站主编 . ﹣﹣北京：应急管理
出版社，2022（2023.5 重印）
（探索宇宙奥秘）
ISBN 978 - 7 - 5020 - 6142 - 5

Ⅰ.①地… Ⅱ.①科… Ⅲ.①地球—儿童读物 Ⅳ.
①P183 - 49

中国版本图书馆 CIP 数据核字（2022）第 035163 号

地球寻踪（探索宇宙奥秘）

主　　编	科普文化站
责任编辑	高红勤
封面设计	陈玉军

出版发行	应急管理出版社（北京市朝阳区芍药居 35 号　100029）
电　　话	010 - 84657898（总编室）　010 - 84657880（读者服务部）
网　　址	www.cciph.com.cn
印　　刷	三河市南阳印刷有限公司
经　　销	全国新华书店

开　　本	880mm×1230mm$^1/_{32}$　印张　24　字数　430 千字
版　　次	2022 年 11 月第 1 版　2023 年 5 月第 2 次印刷
社内编号	20200873　　　　　定价　120.00 元（共八册）

宇宙是怎么诞生的？银河系是如何被科学家发现的？除了太阳，太阳系家族还有哪些成员？恒星离我们有多远？月球车在月球上发现了什么？航天员在太空中是怎样生活的……宇宙是如此浩瀚而神秘，激发着我们的好奇心和求知欲，驱使着我们不断地去探索、去揭开那些鲜为人知的奥秘。

为了满足孩子们的好奇心和求知欲，激发他们的科学探索精神，我们精心编排了这套《探索宇宙奥秘》丛书。这是一套图文并茂的少儿科普书，集趣味性、知识性、科学性于一体，囊括了太阳系、银河系、地球、恒星、月球等天文学知识。本系列丛书从孩子的视角出发，精心选取孩子感兴趣的热门话题，根据他们的阅读特点和认知规律进行编排，以带给孩子美好的阅读体验。

赶快翻开这本书，让我们一起推开未知世界的大门，尽情感受宇宙的广阔与奥妙吧！

目录

独特的内部结构

科学家通过研究地震波、地磁波和火山爆发揭示了地球内部的秘密，认为地球内部有三个同心球层，从外到内依次是地壳、地幔和地核。

超神奇！

在浩瀚的宇宙中，地球是目前已知的唯一一颗生机盎然的星球。据科学家推测，地球是从星云中诞生的，诞生时间距今约 46 亿年。

地 壳

地壳是地球固体地表构造的最外圈层，是人类生存和从事各种生产活动的场所，属于地球表层。地壳由多组断裂的、大小不等的块体组成，它的外部呈现高低起伏的形态，所以地壳的厚度并不均匀。地壳上层为花岗岩层，主要由

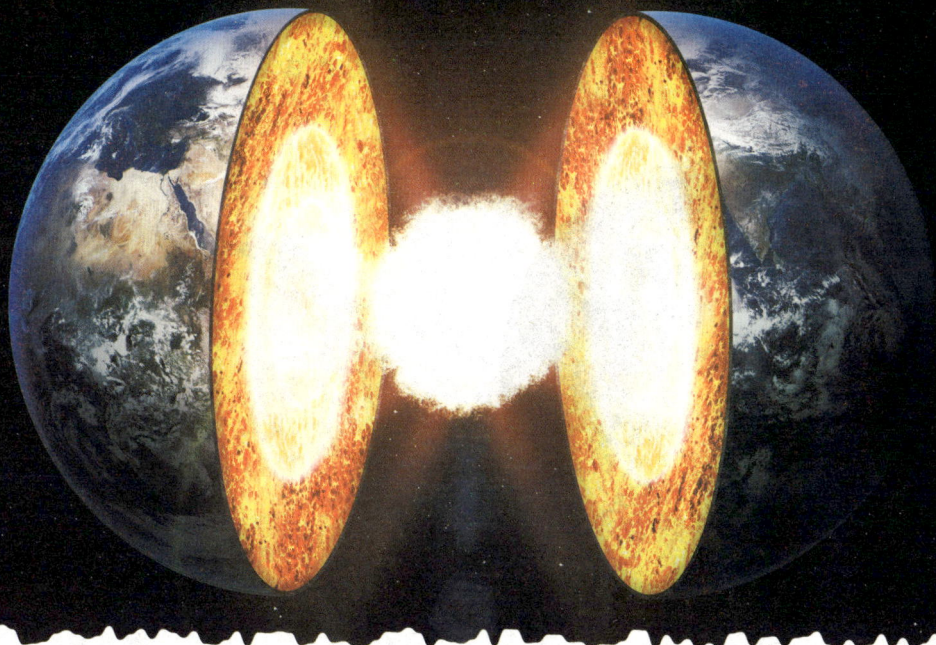

硅-铝氧化物构成；下层为玄武岩层，主要由硅-镁氧化物构成。

地幔

地壳下面是地球的中间层，叫作地幔，地幔厚度约为 2900 千米，主要由致密的造岩物质构成，是地球内部体积最大、质量最大的一层。地幔又可分成上地幔和下地幔两层。科学家们一般认为上地幔顶部存在一个软流层，据推测软流层是由于放射性元素大量集中，蜕变放热，并将岩石

地壳
莫霍界面
软流层
上地幔
下地幔
外核
内核

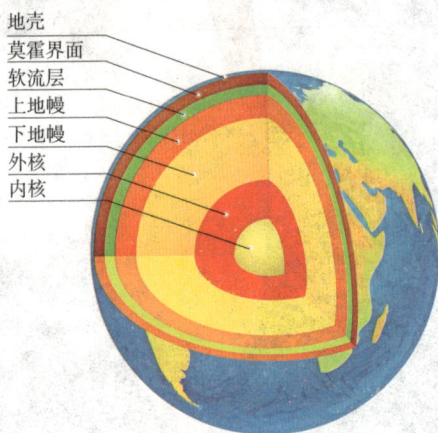

熔融后形成的，可能是岩浆的发源地。下地幔温度升高，压力和密度增大，物质呈可塑性固态。

地核

地核是地球的最里层，位于地幔的下面，平均厚度约为 3400 千米。地核可分为外地核和内地核，外地核厚度约为 2266 千米，物质大致呈液态，可流动；内地核直径约为 2440 千米，物质呈固态，主要由铁、镍等金属元素构成。

地球的自转

地球绕地轴自西向东转动就是地球自转，因此，我们每天看到的太阳都是从东边升起，从西边落下。

昼夜交替

地球自转一周需要 23 小时 56 分 4 秒，我们称其为一个"恒星日"，而我们通常所说的一天为一个"太阳日"，即 24 小时。地球自转时，总是一面对着太阳，另一面背着太阳；而且地球是一个不发光、不透明的球体，

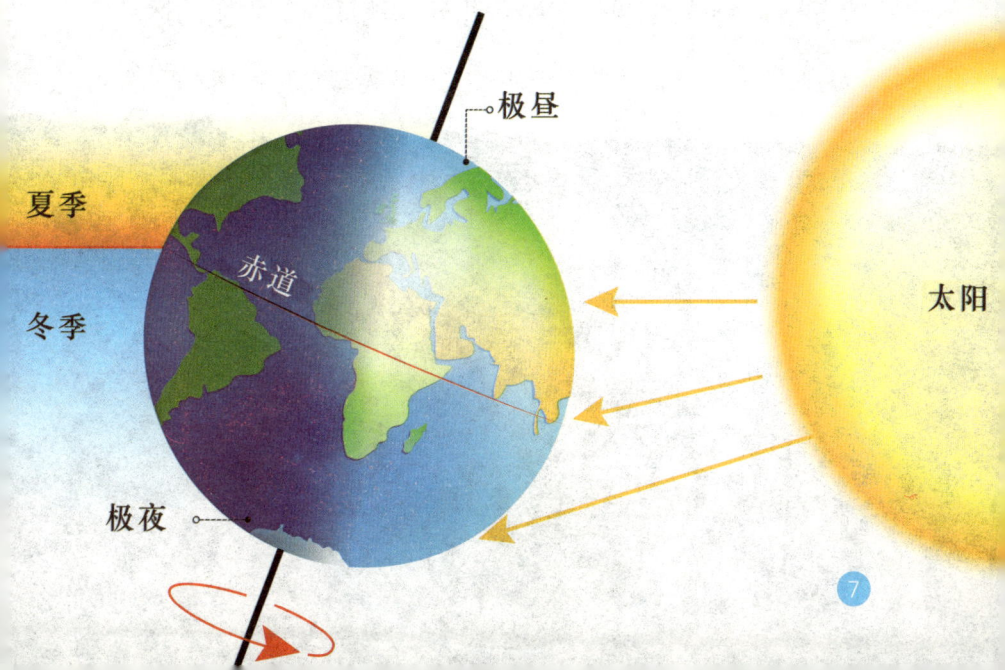

夏季

冬季

极昼

赤道

极夜

太阳

因此就产生了昼夜交替，面对着太阳的一面就是昼半球，背对着太阳的一面就是夜半球。

超神奇！

早在古希腊时，费罗劳斯、海西塔斯等人就提出过地球自转的猜想，然而地球自转现象被证实并被人们接受，则是在1543年哥白尼提出"日心说"之后。

周期性变化

自从石英钟被发明后，人们便可以更准确地计算和记录时间。通过对石英钟计时观测，人们发现，在一年中地球自转存在着时慢时快的周期性变化：春季自转变慢，秋季自转加快。科学家经过长期观测认为，这种周期性变化的出现，与地球上大气和水的季节性变化有关。此外，地球内部物质的运动，如重元素下沉，向地心集中，轻元素上浮，岩浆喷发等，

都对地球的自转速度有影响。

傅科摆

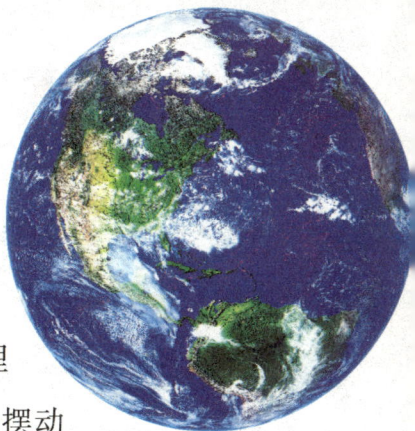

　　为了证明地球在自转，法国物理
学家莱昂·傅科于1851年做了一个摆动
实验，傅科摆由此而得名。这次实验是在巴黎先贤祠进行
的，莱昂·傅科先在先贤祠最高的圆顶下方安放一个钟摆
装置，钟摆的长度为67米，底部是重28千克的铁球，在
铁球的下方镶嵌了一根细长的尖针，又在钟摆的下方准备
了一个沙盘。在摆运动
时，摆尖会在沙盘上画
出一道道的痕迹，从而
记录摆动方向。在实验
中人们看到，摆动过程
中摆动平面沿顺时针方
向缓缓转动，摆动方向

宇宙科学馆

　　一年中北半球白昼
最长和最短的两天称为二
至点，即夏至和冬至。夏
至的气候特征为高温、潮
湿，冬至的气候特征为低
温、严寒。

不断变化，且摆在摆动平面方向上并没有受到外力作用，
因此，这种摆动方向的变化，是观察者所在的地球沿着逆
时针方向转动的结果。傅科的实验有力地证明了地球在自
西向东自转。

地球的公转

地球除了自转外，还围绕太阳公转。地球公转的中心位置不是太阳中心，而是地球和太阳的公共质量中心，不仅地球在绕该公共质量中心转动，太阳也在绕该点转动。

地球轨道

地球在公转的过程中，所经过的路线上的每一个点，都在同一个平面上，而且构成了一条封闭的曲线。这条封闭曲线也叫作地球轨道。如果我们把地球看成一个质点，那么地球轨道实际上是指地心的公转轨道。地球轨道的形状是一个接近正圆的椭圆，太阳位于椭圆的一个焦点上。

运行速度

地球公转速度与日地距离有关，随着日地距离的变化而改变。

当地球从远日点向近日点运动时，地球离太阳越近，受太阳引力的作用越强，速度就越快；由近日点向远日点运动时，则恰好相反，运行速度逐渐减慢。

3月21日前后 春分

12月22日前后 冬至

6月21日前后 夏至

9月23日前后 秋分

四季变化

四季的变化是由地球绕太阳公转引起的。地球绕太阳公转时并不像石磨一样绕垂直轴旋转，而是斜着身子旋转的。因此，太阳光直射在地球上的位置，就产生有规律的变化：反复移动在南、北回归线之间，一年往返一次，两度越过赤道。

宇宙科学馆

在地球公转轨道上，距太阳最远的一点，被称为远日点；距离太阳最近的一点，被称为近日点。

每年6月21日前后，即夏至时，太阳直射北回归线，北半球接受太阳光最多，处于夏季；此后，太阳直射点逐渐南移，北半球接受的太阳光随之减

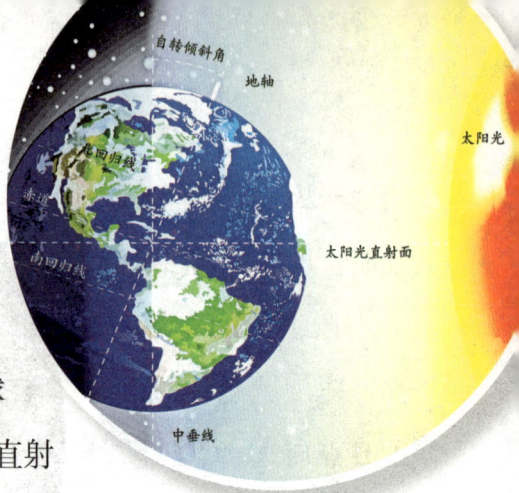

少。到 9 月 23 日前后，即秋分时，太阳直射赤道，此时南北半球所接受的太阳光相等，北半球处于秋季。秋分后，太阳直射点移到南半球，到 12 月 22 日前后，即冬至时，太阳直射南回归线，北半球接受的太阳光最少，处于冬季。

超神奇！

地球公转的地理意义除了形成四季外，还有昼夜长短和正午太阳高度的变化，以及划分热带、北温带、南温带、北寒带、南寒带。

分布不均匀的大气圈

地球被一层厚厚的空气"外衣"包围着，人们称这件"外衣"为大气圈，也称大气层。大气圈的物质分布是不均匀的，随着高度的变化，表现出一定的层次结构：对流层、平流层、中间层、热层和逃逸层。

对流层

由于重力原因，大气向下越接近地面越浓稠，向上越远离地球越稀薄，气体成分也稍有差别。与人类生存最为密切的是地面以上 16 千米内的空气层，叫作对流层。

这层气体非常活跃，热空气不断上升，冷空气不断下沉，空气上下对流十分强烈。在对流层内，风雨雷电频繁，雾露霜雪时现。正是这些变化，给地面上的

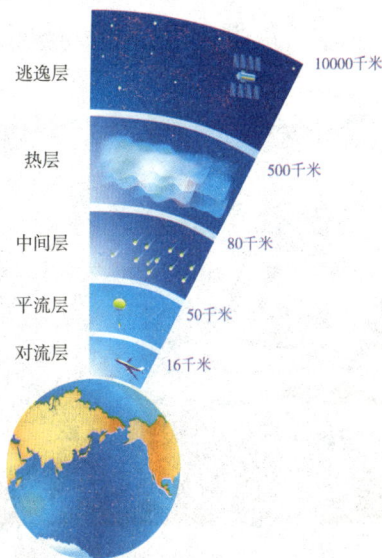

逃逸层 —— 10000千米

热层 —— 500千米

中间层 —— 80千米

平流层 —— 50千米

对流层 —— 16千米

生物提供了充足的水分和养料,维持着它们的生长、发育和繁衍。人类活动引起的大气污染现象也主要发生在这一层里,尤其是贴近地面的 1000～2000 米内。

平流层

宇宙科学馆

平流层中有一层臭氧层。臭氧层能够吸收太阳光中的紫外线,让地球上的生物免遭过量紫外线的伤害。

从对流层向上,距地表大约 50 千米的高空是平流层。平流层内的情况与对流层完全不同。这里空气稀薄,温度变化不大,气流平稳,垂直对流运动微弱,一年四季都是晴空万里,水蒸气和灰尘极少,大气透明度好,适于航空飞行。

中间层和热层

由平流层向上,距地表约 500 千米的高度,依次是中间层和热层。这里空气更加稀薄。由于受太阳紫外线、微粒

子流和宇宙射线的作用，这里的部分氧气和氮气被电离。电离层像一面悬挂在天空中的巨大反射镜，无线电波经它反射能达到数千米或更远的距离，从而实现远距离通信。在这一层里，空气分子吸收从太阳射来的 X 射线、紫外线和其他高能辐射，自身电离成离子，使相当一部分有害辐射被屏蔽。

逃逸层

超神奇!

大气圈以外没有空气，即处于真空状态。在大气圈外，地球对物体的引力变成了向心力而不再是重力，因此这里的物体呈失重状态。

逃逸层又称外层，是大气圈的最外层，空气极为稀薄，密度几乎与太空密度相同，因此又被称为外大气层。其温度随着高度增加而增加，是大气圈和星际空间的过渡区域。

地球的磁场现象

在地球上任何地方放一个小磁针，让其自由旋转，当其静止时，磁针的 N 极总指向地理北极，这是因为地球周围存在着磁场，我们称之为地磁场。地磁场分布广泛，从地核到空间磁层边缘，处处存在。

地磁场的形成

现在普遍认同的地磁场起源理论是"地球发电机理论"。该理论认为地磁场是由地球外核中的液体对流产生的：地球的外核由熔融的金属铁和镍组成，铁和镍都是电流的优良导体。当地球快速旋转时，熔融态的金属外核也一直在运动。不断运动的熔融态金属就像电磁发电机一样产生强大的电流，在这些电流的作用下产生

超神奇！

我国古代四大发明之一的指南针，是我国古代人民在长期的实践过程中对磁石磁性认识的结果。指南针的主要组成部分是磁针，磁针受地磁场的影响，其北极总指向地理北极。

了地磁场。

宇宙科学馆

在外大气层中受太阳风制约的地磁场空间叫作磁层。磁层距离地面约 1000 千米，磁层的外边界叫作磁层顶，距离地面 5 万 ~7 万千米。

地磁极

地磁极指的是地磁的南极和北极。地磁极与地球的南北两极并不重合，而且地磁极的位置也不固定，一直在变化，地磁北极每年最大的移动幅度达 40 千米。目前，地磁北极位于地球北极附近，地磁南极位于南极洲。

地磁场倒转现象

科学家们经过研究发现，地球的磁场是不稳定的，每隔一定时间，它就要发生一次倒转，也就是说地磁北极变为地磁南极，地磁南极变为地磁北极。地磁场倒转的现象在历史上发生过很多次，最近的一次地磁场倒转发生在 78 万年前。目前尚不清楚地磁场倒转发生的原因。

广袤无垠的平原

平原是指广阔而平坦的陆地，一般在沿海地区。世界平原总面积约占全球陆地总面积的1/4。平原不但广大，而且土地肥沃、水网密布、交通发达，是经济文化发展较早、较快的地方。

平原的类型

平原是在地壳长期稳定、升降运动极其缓慢的情况下，经过外力剥蚀作用和堆积作用形成的。

超神奇！

亚马孙平原位于南美洲北部、亚马孙河中下游，介于圭亚那高原与巴西高原之间，面积约560万平方千米，是世界上面积最大的冲积平原。

按成因，平原可分为构造平原、侵蚀平原、冲积平原三类。

构造平原是指由地质构造作用形成的平原。

侵蚀平原是在地壳长期稳定的条件下，由海水、风、冰川等外力不断侵蚀、切割而形成的石质平原。

冲积平原是在大河的中下游，由河流带来大量冲击物堆积形成的。山前平原、中部平原、滨海平原都属于冲积平原。

我国的三大平原

我国的三大平原分别是东北平原、华北平原和长江中下游平原，它们全部分布在我国东部。其中东北平原是我国面积最大的平原，又分为松嫩平原、辽河平原及三江平原三部分，海拔 200 米左右，土壤呈黑色，是肥沃的黑土地；华北平原是我国东部大平原的重要组成部分，大部分海拔在 50 米以下，是我国第二大平原；长江中下游平原大部分海拔在 50 米以下，主要由长江冲积而成，地势低平，河网纵横。

宇宙科学馆

我国的三大平原都有有趣的别称。东北平原又被称为"北大荒"，华北平原又被称为"黄土地"，长江中下游平原又被称为"鱼米之乡"。

俊秀巍峨的高原

高原是指海拔较高、地形较平坦或有一定起伏的广阔地区，通常海拔在 500 米以上。高原分布面积广，地形开阔，素有"大地的舞台"之称。

高原的类型

高原的海拔之所以如此高，是因为它是在长期连续的大面积的地壳抬升运动中形成的。按照形成原因，可分为熔岩高原、剥蚀高原、剥蚀堆积高原和破碎高原等。按高原面的形态，可分为三类：顶面较平坦的高原，如中国的内蒙古高原；地面起伏较大、顶面仍相当宽广的

高原，如中国的青藏高原；流水切割较深、起伏大、顶面仍较宽广的分割高原，如中国的云贵高原。

超神奇！

高原海拔高，气压低，氧气含量少，但人们可以利用这一环境提高人体的耐力，因此高原地区适宜体育界的耐力训练。此外，高原地区日照时间长，接受的太阳辐射较多，能为人类提供丰富的太阳能资源。

我国四大高原

我国有四大高原：青藏高原、内蒙古高原、黄土高原、云贵高原。

青藏高原是世界上海拔最高的高原，被称为"世界屋脊""第三极"，青藏高原上还分布着许多雪山和冰川，为东亚、东南亚和南亚众多大河的发源地。

内蒙古高原地势南高北低，是蒙古高原的一部分，古有"瀚海"之称，是我国重要的牧场。

黄土高原是世界上著名的大面积黄土覆盖的高原，位于我国中北部，地势由西北向东南倾斜，大部分地区被厚层黄土覆

宇宙科学馆

喀斯特地貌是指具有溶蚀力的水对可溶性岩石进行溶蚀等作用后所形成的地表和地下形态的总称。

盖，经过流水长期强烈侵蚀，逐渐形成了千沟万壑、地形支离破碎的特殊自然景观。

云贵高原位于我国西南部，该地区地形破碎，多断层湖泊，石灰岩厚度大、分布广，在地表水和地下水的溶蚀作用下，形成漏斗、岩洞、盆地等多种地貌，是世界喀斯特地貌典型的地区。

层峦叠嶂的山地

山地是指陆地表面坡度较陡、高度较大的隆起地貌。其特点是起伏大、坡度陡、沟谷深，多呈脉状分布。

山地的形态

山地的表面形态奇特多样，有的彼此平行，绵延数千千米；有的相互重叠，犬牙交错，山里套山，山外有山，连绵不断。山地的规模大小也不同，按山的高度不同，我们可将其分为高

超神奇！

在我国著名的大山中，喜马拉雅山是典型的褶皱山，江西的庐山是断层山，天山山脉则属于褶皱－断层山。

山、中山和低山。海拔在 3500 米以上的称为高山，海拔在 1000～3500 米的称为中山，海拔低于 1000 米的称为低山。

山地的成因

按山的成因，我们可将山分为褶皱山、断层山、褶皱－断层山、火山、侵蚀山等。褶皱山是由地壳中的岩层受水平方向的力挤压，往上弯曲拱起所致。断层山是岩层在受到垂直方向上的力后发生断裂，而后被抬升形成的。

宇宙科学馆

火山喷发是一种奇特的地质现象，是地壳运动的一种表现形式，也是地球内部热能在地表的一种最强烈的显示。

火山是地下熔融状态的物质溢出地壳后，又冷凝成固态，堆积在地表形成的山体。侵蚀山是在地壳上升区域，地面遭受长期外力剥蚀和侵蚀作用而形成的山地。

分布与影响

山地是大陆的基本地形，分布广泛，在亚欧大陆和南北美洲大陆分布最多。我国的山地大多分布在西部，喜马拉雅山、昆仑山、唐古拉山、天山、阿尔泰山等都是著名的山地。由于山地地区海拔高、气温低，气候呈垂直带状分布，因此适宜多种植被和经济林木的生长，但山地也会对交通运输、人口分布、经济发展等产生不利的影响。

气候宜人的盆地

　　盆地是世界五大基本陆地地形之一，在全球分布广泛。它的主要特征是四周高、中部低，像一个大大的盆，因此被称为盆地。

盆地的成因

　　盆地主要是由于地壳运动形成的。在地壳运动的作用下，地下的岩层受到挤压或拉伸变得弯曲或产生断裂，进而会出现一部分岩石隆起、一部分岩石下降的现象。如果下降的那部分被隆起的那部分包围，盆地的雏形就形成了。

　　根据成因，盆地可分为两种类型：一种是地壳构造运动形成的盆地，称为构造盆地；另一种是由冰

川、流水、风力等侵蚀形成的盆地，称为侵蚀盆地。

我国的四大盆地

我国最著名的四大盆地分别是塔里木盆地、准噶尔盆地、柴达木盆地和四川盆地。

塔里木盆地是我国最大的内陆盆地，位于天山、昆仑山和阿尔金山之间，面积约 53 万平方千米。盆地地势西高东低，中部是著名的塔克拉玛干沙漠，边缘为山麓、戈壁和绿洲（冲积平原）。

宇宙科学馆

盆地有大陆盆地和海洋盆地之分，大陆盆地简称陆盆，海洋盆地简称海盆或洋盆。

　　准噶尔盆地位于天山、阿尔泰山及西部诸山间，西北、东北和南边都被高山包围，呈不等边三角形，是我国第二大盆地。盆地地势东高西低，雨雪丰富。盆地中部为广阔的草原和沙漠，边缘为山麓绿洲，盛产棉花、小麦。

　　柴达木盆地地处青藏高原，四周被昆仑山脉、祁连山脉与阿尔金山脉环抱，是我国地势最高的盆地。盆地地势自西北向东南倾斜，东南多盐湖沼泽。

　　四川盆地属典型的菱形盆地，位于四川东部和重庆西部。盆地中部为方山丘陵，地表覆盖着大面积的紫红色砂岩和泥岩，因此也被称为"赤色盆地"。

盆地中的矿产资源

盆地中一般都储藏着丰富的矿产资源，如煤炭、石油和天然气等。比如柴达木盆地中盐、石油、铅、锌、硼砂等储量极其丰富，被誉为"聚宝盆"。塔里木盆地是我国最大的含油气盆地，石油和天然气的蕴藏量十分丰富，总量约178亿吨，是我国重要的能源供应基地。

超神奇！

盆地内部地形相对平缓，多为平原和丘陵，适宜人类居住和农业生产；外部多为高山，适宜山地农业的发展。

凹凸不平的丘陵

丘陵是世界陆地的五大基本地形之一，是指坡度较缓、连绵不断的低矮山丘。海拔大致在 500 米以下，相对高度一般不超过 200 米。

丘陵的成因

宇宙科学馆

丘陵和山地不同，一般没有明显的脉络，它的顶部浑圆，是山地久经侵蚀的产物。

丘陵的形成往往有多种原因，比如小山脉的风化、不稳定的山体滑坡和下沉、风造成的侵蚀、冰川造成的堆积、植被造成的堆积、河流造成的侵蚀、火山和地震以及露天开矿造成的堆积、古代居民点造成的堆积等。

我国的三大丘陵

我国有三大丘陵，分别是山东丘陵、辽东丘陵和东南丘陵。山东丘陵主要位于山东半岛；辽东丘陵主要位于辽宁省东南部；东南丘陵范围较广，主要指云贵高原以东、长江以南的地区，包括江南丘陵、两广丘陵和浙闽丘陵。

超神奇!

丘陵地区的田地面积一般较小，每块田地里的作物也不一样，大多是粮食、蔬菜、水果和树林混合播种。

分布与影响

丘陵在陆地上的分布很广，一般分布在山地或高原与平原的过渡地带，亚欧大陆和南北美洲都有大片的丘陵地带。丘陵地区降水量较充沛，适合各种经济树木的栽培生长，对种植多种经济作物十分有利。一些风景秀丽的地区，还可以开发为旅游景区。

绿树成荫的森林

森林是指在相当广阔的土地上生存的以木本植物为主体的生物群落，具有调节气候、防止水土流失和净化空气的作用，是全球生物圈中重要的一环。

森林的类型

森林分布具有明显的地带性，如热带雨林、温带森林等。

热带雨林是生长在热带地区的森林植被，主要

超神奇！

亚马孙雨林是地球上现存面积最大的热带雨林，科学家估算它每年释放的氧气占全球氧气的 20%，所以被誉为"地球之肺"。

分布在赤道南北两侧，是地球上功能最强大的生态系统。热带雨林也是地球上繁衍物种最多的地方，不仅有很多不同于其他地区的名贵植物，还有很多珍稀的动物。

温带森林主要分布在北半球的温带地区，南半球则分布较少。受季风气候影响，温带森林夏热冬冷，降水较少，生长的多数是落叶乔木，以针叶林和阔叶林为主。

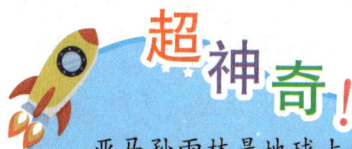

温带森林的代表动物有松鼠、黑熊等。

森林的作用

森林是制造氧气的"工厂"。绿色植物的叶片是专门吸收二氧化碳的，它在通过阳光制造养分的时候会产生氧气。据测定，666.7平方米森林一般每天产生氧气48.7千克，能满足65个人一天的需要。

不仅如此，树叶上面的茸毛、分泌的黏液和油脂等，对尘粒有很强的吸附和过滤作用。每公顷森林每年能吸附50～80吨粉尘，是天然的吸尘器。而且有的树木还能分泌杀菌素，如松树分泌的杀菌素就能杀死白喉、痢疾、结核病的病原微生物。最重要的是，树木能吸收噪声，一条40米宽的林带，可以降低噪声10～15分贝。

宇宙科学馆

绿色植物的叶绿素在光的照射下把水和二氧化碳合成有机物质并释放出氧气的过程，被称作光合作用。

荒无人烟的沙漠

沙漠是指地面完全被沙覆盖、植物非常稀少、降水稀少、空气干燥的荒芜地区。在地球上，沙漠占陆地面积的1/3。

沙漠的成因

当地面的植被被破坏，地面失去了覆盖，在干旱气候和大风的作用下，原来适合植物生长的土壤就会逐步变

超神奇！

我国沙漠主要分布于西北干旱地区，主要沙漠自西向东有塔克拉玛干沙漠、库姆塔格沙漠、柴达木沙漠、腾格里沙漠等。

成沙漠。在沙漠的边缘地带，原生植被一般都是草原，人类不合理的农垦、过度放牧、樵采等行为都会造成草地沙化，致使沙漠不断扩大。

热带沙漠

热带沙漠主要分布在南北回归线附近，以非洲北部地区、亚洲阿拉伯半岛和澳大利亚沙漠区最为典型。热带沙漠区长年干旱少雨、多风沙，生物资源稀少，典型植被有三芒草、金合欢、仙人掌等，典型动物有骆驼、沙漠野兔、沙漠刺猬、沙漠龟等。

宇宙科学馆

风将沙粒堆积而成的小丘叫作沙丘。沙丘根据形状可分为新月形沙丘、蜂窝状沙丘、星形沙丘和角锥状沙丘等。

温带沙漠

温带沙漠分布于温带大陆腹地，这里

夏季炎热，冬季寒冷，长年降水稀少，气候干燥，气温年较差和日较差都比较大。自然景观多为荒漠，植被以仙人掌、蝎子草等为主，动物以骆驼为主。

绿 洲

沙漠绿洲大都出现在背靠高山的地方。每当夏季来临，高山上的冰雪消融，雪水汇成河流，流入沙漠的低谷，就形成了地下水。地下水滋润了沙漠上的植物，形成了沙漠中的绿洲。我国新疆塔里木盆地边缘的高山山麓地带、甘肃的河西走廊、宁夏平原和内蒙古河套平原等都有不少绿洲分布。

奔腾不息的河流

河流是陆地表面上沿着狭长的凹地流动的水流，是地球上水循环的重要路径。河流不仅具有养殖、航运之利，还提供了生活及工业用水。

河源、河段、河口

河源是指河流的发源地，一般分布在山脉上，它可以是溪、泉，也可以是沼泽、湖泊或冰川等。如欧洲的罗讷河发源于瑞士南部阿尔卑斯山上的冰川，伏尔加河发源于东欧平原的丘陵湖沼间。

河段是指河流的分段。河流一般有三个分段——上

游、中游和下游。上游水流速度快，冲刷强烈，常形成"V"形河谷；中游水流速度减缓，流量加大，冲刷、淤积都不严重；下游流速较小，淤积作用强烈，多浅滩或沙洲。

河口是指河流流入海洋、湖泊的地方，是河流的终点。

内流河和外流河

河流分为内流河和外流河，内流河位于大陆腹地，远离海洋，得不到充足的水汽补给，只能流入内陆湖泊或在内陆消失，永远也不会注入海洋，其流域称为内流区，俄罗斯的伏尔加河就是内流河。

外流河一般位于气候比较湿润、降水比较丰富的地域，往往形成庞大的水系，水流量

超神奇！

世界上水量最大的河流是南美洲的亚马孙河，它每秒钟有20余万立方米的水流进大西洋，比其他3条大河(非洲尼罗河、中国长江、美国密西西比河)的总和还要大几倍。

大，会直接或间接注入海洋，其流域称为外流区，我国的长江就是外流河。

暗河与运河

暗河是指地面以下的河流，以石灰岩地区最为常见，玄武岩地区

也可能形成。暗河一般具有独自的补给、径流和排泄系统，大的暗河甚至能形成地下河系。运河是指人工开凿的河流，不仅用于航运，还可用于灌溉、分洪、排涝等。世界上的著名运河有京杭大运河、苏伊士运河、巴拿马运河和基尔运河等。

碧波荡漾的湖泊

湖泊是陆地上的洼地积水形成的比较宽广的水域。湖泊不仅可用于灌溉、航运、渔业生产等，还能调节当地的气候。

湖泊的演变

湖泊一旦形成，就受到外部自然因素和内部各种过程的持续作用而不断演变。注入湖泊的河流携带的大量泥沙和生物残骸年复一年在湖内沉积，湖会逐渐变浅，最终变成陆地，或者随着沿岸水生植物

的发展，逐渐变成沼泽。

如果天气过于干旱，湖泊会因为气候变异，补给水量不足以补偿蒸发损耗，而出现湖面收缩干涸的现象，或者出现盐类物质在湖中积聚浓缩，湖水逐渐盐化，最终变成干盐湖的现象。

此外，由于地壳升降运动、气候变迁和形成湖泊的其他因素的变化，湖泊会经历缩小和扩大的反复过程。不论湖泊的自然演变通过哪种方式，最终依然会消亡。

构造湖与冰川湖

构造湖和冰川湖均是在地质作用下形成的湖泊。构造湖是指地壳构造运动所造成的凹陷盆地蓄水而成的湖泊，主要类型有断陷湖和地堑湖等。我国的滇池、俄罗斯的贝加尔湖就是典型的构造湖。冰川湖由冰川侵

宇宙科学馆

地质作用主要有构造运动、地震作用、岩浆作用、变质作用、剥蚀作用、风化作用、斜坡重力作用、搬运作用、沉积作用和固结成岩作用等。

蚀而成，主要分布在高山冰川作用过的区域，常见于唐古拉山和喜马拉雅山区。

内流湖和外流湖

湖泊根据排泄条件不同分为内流湖和外流湖。内流湖所在区域远离海洋，气候干燥，蒸发强烈，且水只流进不流出，所以内流湖的含盐量较高，多为咸水湖或盐湖。外流湖所在地区气候比较温和湿润，湖面蒸发不太强烈，而且湖里的水既流进又流出，所以含盐量不高，大部分是淡水湖。

超神奇！

死海虽名为"海"，实际上是一个内流湖。死海的水含盐量特别高，所以人可以轻松地漂在湖面上。

波澜壮阔的海洋

人们将地球上的咸水水体总称为海洋。在地球上，海洋的总面积大约为地球表面积的71%，海洋里的水大约为地球上总水量的97%。

现代海洋的诞生

原始的海洋，海水不是咸的，而是带酸性且缺氧的。水分不断蒸发成云致雨，又落回地面，把陆地和海底岩石中的盐分溶解，不断地汇集于海水中。经过亿万年的积累融合，海水才变成了大体均匀的咸水。同时，由于当时大气中没有氧气，也没有臭氧层，紫外线可以直达地面，靠海水的保护，生物首先在海洋里诞生。大约在

38 亿年前，海洋里产生了低等的单细胞生物。古生代海洋里生活着众多藻类，它们在阳光下进行光合作用，产生了氧气，臭氧层得以慢慢形成。此时，生物才开始登上陆地。经过水量和盐分的逐渐增加，以及地质历史上的沧桑巨变，原始海洋逐渐演变成今天的海洋。

海和洋的区分

海洋是地球表面连成一体的海和洋的统称，海和洋却不完全是一回事。海洋的主体部分是洋，附属部分为海、海湾和海峡。洋一般远离大陆，面积广阔，约占海洋总面积的89%，深度一般超过 2000 米，盐度、温度都不受大陆影响，有独立的潮汐系统和强大的洋流系统。海则是海洋的边缘部分，临近大陆，深度一般不足2000 米，温度和盐度等受大陆的影响很大，有明显的季节变化。

超神奇！

海水、地表水、地下水构成了一个完整的水圈，通过太阳的"调控"进行着永不停息的循环，这才创造出一个适合生命生存的环境。

45

宇宙科学馆

地球上有四个主要的大洋，即太平洋、大西洋、印度洋和北冰洋，大部分以陆地和海底地形线为界。

资源丰富

无论是海洋动物资源，还是海洋植物资源，都是人类的食物来源，海产品中的鱼、虾、贝及其他动物产品，不仅肉嫩、味美，而且营养丰富。它们含有大量的蛋白质、脂肪、维生素和钙、磷、铁、碘等物质和元素，这些物质和元素都是人体所必需的。在南极，人们又发现了大量的南极磷虾。它们的体色很美，呈透明的粉红色，胸腹部还有发光器，可以发出蓝色的光。这种虾虽然小，但营养价值却很高。

在开发海洋资源的同时，我们也应该保护海洋的生态环境，不要轻易污染海洋，破坏海洋的生态平衡，这样，人类就可以有目的、按计划地利用和开发海洋资源。

变幻莫测的洋流

海洋中的海水，按一定方向有规律地从一个海区向另一个海区流动，人们把海水的这种运动称为洋流，也叫作海流。

洋流的形成

盛行风在海洋表面吹过时，风对海面的摩擦力及风对波浪迎风面施加的风压，迫使海水顺着风的方向在浩瀚的海洋里做长距离的远征，这样形成的洋流称为风海流。风海流也叫漂流，是洋流系统中规模最大、流程最远的洋流。

除此之外，还有因海水密度分布不均而形

成的密度流，以及由风力和密度差异所形成的补偿流。

洋流的影响

从海洋生物的分布来看，洋流对海洋生物分布的影响主要是形成渔场，为人类带来经济效益。

从海洋污染方面来看，洋流的危害巨大。陆地上的许多污染物随着地表水流入大海，而洋流会将这些污染物带到更远的海洋之中，使海洋污染的范围无限扩大，给污染物处理带来巨大困难。

从航海事业方面来看，顺风、顺水航行的速

超神奇！

洋流根据温度的不同，有暖流和寒流之分。我们把洋流的水温比流经海区水温高的称为暖流，水温比流经海区水温低的称为寒流。

度要比逆风、逆水航行
的速度快。航海一般选
择近岸顺风、顺水的航
道，有利于节省航运时
间、节约燃料等。

宇宙科学馆

北大西洋暖流和北冰
洋南下的寒流交汇，形成
了北海渔场。这里盛产鳕
鱼、鲱鱼、鲭鱼等，为世
界四大渔场之一。

洋流之最

墨西哥湾暖流堪称洋流中的"巨人"。它宽100多
千米，深700多米，总流量每秒7400万～9300万立方米，
最大流速约每秒2.5米，表层年平均水温为25～26℃。
如此巨大的暖流，对整个北半球气候所产生的影响是巨
大的。

滔滔不绝的潮汐

潮涨潮落，每天都会发生。涨潮时，海水就会淹没大片的海滩；落潮时，大片的海滩又会露出来。古时人们把白天发生的涨潮叫作"潮"，晚上发生的涨潮叫作"汐"。

潮汐的成因

潮汐形成的动力主要来自太阳和月球对地球表面海水的吸引力，我们称其为引潮力。由于太阳离地球太远，所以常见的引潮力主要来自月球。

当地球某处海面距月球越近时，月球对它产生的吸引力就越大。在月球绕地球旋转时，它们之间构成一个

旋转系统，有一个公共旋转重心。这个重心的位置并不是一成不变的，它随着月球的运转和地球的自转，在地球内部不断改换，但始终偏向月球这一边。地球表面某处的海水距离这个重心越远时，由于地球的转动，此处海水所产生的惯性力就会越大。

由此我们可以看出：面向月球的海水所受月球引力最大；反之则受惯性力最大。在一天内，地球上大部分的海面一次面向月球，一次背向月球，所以会在一天内出现两次海水的涨落。

朔望大潮和全日潮

太阳对地球也有引潮力。每当月球、地球和太阳处于一条直线上，即满月或新月时，太阳对海水的引力和月球对海水的引

宇宙科学馆

太阳日是指太阳连续两次经过同一个本初子午线所需要的时间，即昼夜交替的周期，俗称为"一天"或"一昼夜"。

力就会起重叠作用，这时就会有大潮出现，叫作朔望大潮。有一些地方，由于地区性原因，在一个太阳日内只有一次潮起潮落，这种潮称为全日潮。

潮汐的作用

潮汐不仅可以供人们观赏，而且对人们的生活也有深远的影响。最显而易见的是它能赐予人们丰富的海产品。每当潮水一落，海滨的人们就赶到海滩上去捡鱼虾、螃蟹和贝壳等海洋生物。

潮汐还能为人类提供能源，如潮汐发电等。我国利用潮汐发电有得天独厚的条件：中国海岸线漫长，潮汐能蕴藏量丰富，沿海潮汐能量约有 1.9 亿千瓦。潮汐能优于煤、石油等燃料，在供人类利用时，不会排出大量的废气和废物，污染极少。所以世界各国都很重视对它的开发和利用。

超神奇！

除月球、太阳外，海盆的形状、海水的深度、气流的情况等因素也会对潮汐现象产生一定的影响。

逶迤曲折的海岸

海岸是邻接海水的陆地部分，是把陆地与海洋分开，同时又把陆地与海洋连接起来的海陆之间最亮丽的风景线。

海岸的组成

现代海岸带一般包括海岸、海滩和水下岸坡三部分。海岸是高潮线以上狭窄的陆地地带，海滩是高低潮之间的地带，水下岸坡是低潮线下直到波浪作用所能到达的海底部分。

海岸的类型

根据海岸组成物质的性质，海岸可分为基岩海岸、

砂质海岸、淤泥质海岸和生物海岸等类型。

　　基岩海岸是由坚硬的岩石组成的，常有向海突出的海岬，在海岬之间，形成了深入陆地的海湾。

　　砂质海岸主要由砾石和沙子组成。其中，砾石主要是潮滩上堆积的大量碎玉般的卵石块。沙子通常是由山地、丘陵腹地发源的河流携带入海时沉积下来的。

　　淤泥质海岸主要由细颗粒的淤泥组成，岸滩平缓微斜，潮滩极为宽广，有的可达数十千米。

超神奇！

　　南极洲和北冰洋的海岸是最为奇特的。在那里，几乎看不到泥沙和岩石，只有晶莹、洁白、纯净的冰雪。

生物海岸是由生物构建的海岸，主要包括红树林海岸、珊瑚礁海岸等。

海岸线是陆地和海洋的分界线。由于潮汐作用等因素，海岸线是不断变动的。水位升高便被淹没，水位降低而露出的狭长地带即为海岸带。海岸带是社会经济地域中的"黄金地带"，是临海国家宝贵的国土资源，在海洋开发、经济发展、对外贸易和文化交流等方面都有着十分重要的地位。

宇宙科学馆

红树林是一种生长在热带、亚热带海岸及河口潮间带特有的森林植被。这些植被的根系十分发达，即使风吹浪打也屹立不倒。

连绵起伏的海底地形

海底与陆地一样，也是高低起伏，地形多样的。虽然世界各大洋的洋底形态不尽相同，但从大陆边缘到大洋中心，基本上都是由大陆架、大陆坡、洋盆和洋中脊（海底山脉）等部分组成的。

超神奇！

洋中脊是地壳最活跃的地带之一，经常发生火山活动和地震。

大陆架

大陆架也叫大陆浅滩、大陆棚，是大陆向海洋的自然延伸，坡度一般较缓，海水的深度一般在 200 米以内，因此阳光可以直接透射到海底，很多海洋生物在这里生存。大陆架有着丰富的渔业

资源、矿物资源和石油天然气资源。太平洋作为世界第一大洋，大陆架的面积也是最大的，但是按照大陆架占大洋总面积的百分比来看，北冰洋是占比最高的。

大陆坡

大陆坡是大陆架到大洋洋底的过渡地带，宽度从几十千米到几百千米不等，坡度很陡。在大陆坡上，我们可以看到有一条条平行的海底峡谷伸向洋底。这些海底峡谷像英文字母"V"一样，又陡又深。大陆坡是个黑暗的世界，这里已经没有大陆架上那种生机勃勃的景象。大陆坡上有的地方岩石裸

宇宙科学馆

海底峡谷，又称水下峡谷，多出现在大陆坡上、大陆坡前缘或大陆坡与大陆坡之间。大西洋洋底的海底峡谷最大，也最典型。

露，有的地方覆盖着来自大陆的沙子，而更多的地方则覆盖着一层青灰色的软泥。

洋 盆

洋盆是海洋的主体，约占海洋总面积的45%，其周边有的与大陆裾相邻，有的直接与海沟相接。洋盆水深多在4000～5000米，地壳活动相对稳定。

洋中脊

洋中脊又称中央海岭，是指连续穿过世界四大洋、成因相同、特征相似的海底山脉系列。其延伸长度达70000千米，宽度达1000～4000千米，高出洋底2000～4000米，有的露出海面成为岛屿。洋中脊比陆上最长的安第斯山脉长得多，是世界上规模最大的环球山系。

瞬息万变的风

风常指空气的水平运动。因为有风，地球上南北之间、上下之间的热量和水分才得以交换，不同性质的气团才得以互相接近、相互作用。

风的形成

风是一种自然现象，它是由太阳辐射引起的。太阳光照射在地球表面，会使地表温度升高，这样一来，地表的空气受热

膨胀变轻而往上升。热空气上升后，低温的冷空气就会横向流入，而上升的空气又会因为逐渐冷却而变重下降，这时候，由于地表温度较高又会加热空气使它上升，这种空气的流动就产生了风。

超神奇！

夏天有风时，我们往往会感到凉快，这是因为风把我们身上的热量带走了。

风的类别

根据风速、风向以及湿度等的不同，风可以划分成多种类型。

山谷风是在山地区域产生的风。白天，风沿着山坡、山谷向上吹，形成"谷风"；夜间风则沿着山坡、山谷向下吹，形成"山风"。这种在山坡和山谷之间，随着昼夜交替而改变风向的风就叫作山谷风。

海陆风是在近海岸地区产生的风。白天，风从海洋吹向陆地，形成"海风"；夜间风又从陆地吹向海洋，形成"陆风"。这种在海陆间随着昼夜交替而有规律地转换风向的风被称为海陆风。

风的影响

风是农业生产的环境因子之一。风速适度的风对近地层热量交换、农田蒸散和空气中的二氧化碳、氧气的输送都有极大的好处。风还可以传播植物的花粉、种子，帮助植物授粉和繁殖。风能还是用之不竭的能源。当然，风也会产生消极作用，比如传播病原体、毁坏农田、导致土地沙漠化等。

宇宙科学馆

风向是指风的来向，通常用8个方位表示：北、东北、东、东南、南、西南、西、西北。

变幻莫测的云

天空中的云有时看起来很轻盈，随风飘浮；有时看起来很厚重，形成灰蒙蒙的一片；有时像丝缕状的薄纱，悬挂在高空；有时云则像一座高山，矗立于天际。真是瞬息万变，千姿百态。

超神奇！

夜光云非常罕见，它形成于大气层的中间层，只能在高纬度地区看到。

云的形成

云是由体积非常小的小水滴或小冰晶组成的可见聚合物。在大气靠近地面的对流层中，越往高处温度越低。在近地面处不饱和的一团大气如果上升时与周围不发生热量交换，到了高空，温度降低，就有了多余的水汽。这些多余的水汽凝结成许多小水滴或小冰晶，悬

浮在空中，我们抬头向上望去，就看到一片片云了。

云的分类

云的千姿百态、瞬息万变和云的形成密切相关，气象上根据云的高度和云状等把云划分为若干类，以便进行观测。按云的高度可分为低云族、中云族和高云族三族。按云的外形特征可划分为十类：卷云、卷层云、

卷积云、高积云、高层云、积雨云、积云、层云、雨层云、层积云。

云的颜色

云原本是透明无色的，但因为太阳光的作用，所以云有了各种美丽的颜色。日出和日落的时候，太阳光是斜射过来的，阳光穿过很厚的大气层，由于空气、水汽和杂质的散射作用，短波光被散射，而长波光（红色、橙色）却散射得不多，因而照到云层的底部和边缘时，云就变成红色的了。

宇宙科学馆

卷积云是由似鳞片或球状的细小云块组成的云片或云层，常排列成行或成群，很像轻风吹过水面所引起的小波纹，属高云族。

晶莹剔透的雪

雪是由六角形白色冰晶及其聚合物构成的固体降水。人们常常把雪花比作鹅毛、柳絮等。

形成条件

雪的形成有两个必要条件。一是水汽饱和。空气在某一个温度下所能包含的最大水汽量叫作饱和水汽量。空气中的气态水达到饱和时凝结成液态水需要降至的温度，叫作露点。饱和的气态水冷却到露点以下的温度时，空气里多余的水汽就会变成水滴或冰晶。二是空气里必须有凝结核。凝结核就是在物质凝结过程中起凝结作用的颗粒。如果没有凝结核，很难形成降雪。空气里没有凝结核时，水汽过饱和到相对湿度500％以上

的程度，才有可能凝聚成水滴。但这样大的过饱和现象在自然大气里是不存在的。所以没有凝结核，人们在地球上就很难见到雪。

雪花的形状

雪花的形状很多，有星状、柱状、片状等，但基本形状是六角形。雪花形状之所以多种多样，与它形成时的水汽条件有密切关系。

宇宙科学馆

水汽压是指空气中水汽产生的压强，单位为百帕。大气中水汽含量多时，水汽压就大；反之，水汽压就小。饱和水汽压是指水汽达到饱和状态下的压强。

六角形冰晶的面上、边上和角上的饱和水汽压不同，其中角上最大，边上次之，面上最小。当实际水汽压仅大于平面的饱和水汽压，水汽只在面上凝华，就会形成柱状雪花；当实际水汽压大于边上的饱和水汽压，边上、面

上都有水汽凝华，就形成片状雪花；当实际水汽压大于角上的饱和水汽压，边上、面上、角上都有水汽凝华，就形成了枝状或星状雪花。再加上冰晶不停地运动，它所处的温度和湿度条件不断变化，就形成了各种形状的雪花。

雪的作用

"瑞雪兆丰年"是我国广为流传的一句谚语。在北方，一层厚而疏松的积雪，像给小麦盖了一床御寒的棉被。雪的导热性很差，土壤表面盖上一层雪被，可以减少土壤热量的外传，阻挡雪面上寒气的侵入。所以，受雪保护的庄稼可安全过冬。此外，积雪还能为农作物储蓄水分；雪中所含有的氮元素容易被农作物吸收利用，增强土壤肥力；雪水温度低，能冻死地表层越冬的害虫，也给农业生产带来好处。

超神奇！

在初春和秋末，靠近地面的空气温度在0℃以上，但是这层空气不厚，温度也不是很高，会使雪花没来得及完全融化就落到了地面。这种现象在气象学里叫"雨夹雪"。

凌空而降的雨

雨的表现形态多种多样，有毛毛细雨，有连绵不断的阴雨，还有倾盆而下的暴雨。因为有雨滋润，自然界的万物才得以生生不息。

雨的形成

超神奇！

乞拉朋齐位于印度梅加拉亚邦，这里年平均降水量为11500毫米，成为当之无愧的"世界雨都"！

陆地和海洋表面的水蒸发后变成水蒸气，水蒸气上升到一定高度之后遇冷变成小水滴，这些小水滴组成了云，它们在云里互相碰撞，合并成大水滴，当它们大到空气托不住的时候，就从云中落下来形成了雨。

雨的分类

按照成因，雨可被分为对流雨、锋面雨（梅雨）、地

形雨、台风雨（气旋雨）等。按照降水量的大小，雨可被分为零星小雨（24 小时降水量小于 0.1 毫米）、小雨（24 小时降水量为 0.1 ~ 9.9 毫米）、中雨（24 小时降水量为 10 ~ 24.9 毫米）、大雨（24 小时降水量为 25 ~ 49.9 毫米）、暴雨（24 小时降水量为 50 ~ 99.9 毫米）、大暴雨（24 小时降水量为 100 ~ 249.9 毫米）、特大暴雨（24 小时降水量大于 250 毫米）。

雨的作用

世间万物都离不开水。雨给陆地上的植物、动物和

宇宙科学馆

暴雨是一种灾害性天气，通常会造成洪涝灾害。大范围暴雨主要由两种天气系统形成：一是西风带系统，二是低纬度热带天气系统。

人类提供了生存所必需的水。雨可以灌溉农作物，利于植树造林；可以减少空气中的灰尘，降低气温；可以给水库蓄水，补充地下水和河流水量；可以洗刷街道，净化环境。

人工降雨

有时某地长时间无降雨，我们可以人为地向云中播撒催化剂，使云中能生成一些冰晶或大云滴，促使云滴迅速长大成雨滴而降落。人们可使用的催化剂有多种，对温度低于0℃的云层，多用干冰或碘化银来"引晶"，叫冷云催化；对温度高于0℃的云层，多用盐粉或氯化钙来促进大云滴的产生，叫暖云催化。

另外，云中降水量一般与云的体积成正比，所以可以通过大量引晶使云上部的过冷却水滴冰晶化，同时释放潜热，导致云中上升气流发展，增大云的体积和生命期，从而增加云的降水量。目前，虽然进行了大量地面人工降水试验，但飞机播撒催化剂仍是人工降雨的主要方式。

如梦似幻的雾

雾是悬浮于近地面空气中的由水蒸气凝结成的微小水滴造成水平能见度下降的天气现象。

雾的分类

根据形成的原因，雾可被分为以下三种类型。

辐射雾是指因夜间地表辐射冷却作用，地面气层水汽凝结而形成的雾。它

超神奇！

秋冬季节，由于夜长且出现无云风小的机会较多，地面散热较夏天更迅速，以致地面温度急剧下降，所以秋冬的清晨气温最低，也最容易形成雾。

主要在秋天或冬天的清晨，天晴且风弱时出现，在日出后不久或风速加快后便会自然消散。

平流雾是指暖而湿的空气做水平运动，经过寒冷的地面或水面，逐渐冷却而形成的雾。这种雾常伴随毛毛雨的天气。

上坡雾是潮湿空气沿着山坡上升，因绝热膨胀冷却使空气达到过饱和而产生的雾。

蒸发雾与水汽蒸发有关。当冷气流经过温暖的水面时，因气温与水温相差很大，水发的大量水汽就会凝结，从而形成蒸发雾。

雾的利弊

雾的形成有利亦有弊。雾能给一些植物带来水分，有利于其生长，如高品质的云雾茶就必须在雾中长成。可是另外，雾又给人们带来危害。雾会使能见度降低，对交通影响很大。雾多了会给某些农作物带来大面积的病害。大雾会使空气中的污染物不易扩散，不利于人的身体健康。

宇宙科学馆

我国将雾和霾并到一起，统称为"雾霾"。雾霾是一种大气受到污染的状态，和自然形成的雾有所区别。

五彩缤纷的彩虹

下雨后，乌云消散，太阳重新露头，在太阳对面的天空中，我们常常可以看到一道半圆形虹桥，这就是彩虹。

彩虹的形成

关于彩虹的形成，早在北宋时就有了科学的解释。沈括所著的《梦溪笔谈》中记载道："虹，日中雨影也，日照雨即有之。"可见，彩虹是由于阳光照射到空中的水滴里，发生反射与折射而形成的。

彩虹的颜色

下雨时，或者在雨后，空气中充满着无数个小小的棱镜——水滴。当阳光经过水滴时，不仅改变了前进的方向，同时被分解成红、橙、

黄、绿、蓝、靛、紫7种色光，如果角度适宜，就形成了我们所见到的彩虹。但是，彩虹不只有7种颜色，它是一个个连续分布的颜色带，如在红色和橙色之间就有许多种有细微差别的颜色。

空气里水滴的大小，决定了彩虹的色彩鲜艳程度和宽窄。空气中的水滴大，彩虹就鲜艳，也比较窄；反之，水滴小（像雾滴那样大时），彩虹的颜色就比较淡，也比较宽。

两条彩虹

两条彩虹同时出现时，位于内侧的彩虹被称为主虹，位于外侧的彩虹

超神奇！

在月光强烈的晚上会出现一种特殊的彩虹——晚虹。因为人类在晚间光照弱的情况下很难分辨颜色，所以晚虹看起来是纯白色的。

被称为副虹（又称霓）。主虹是阳光在水滴中经一次反射而形成的，副虹是阳光在水滴中经两次反射而形成的。由于每次反射均会损失一些光能量，所以副虹的光亮度比主虹弱。

两次反射中最强烈的反射角为 50°～53°，所以副虹在主虹之外。因为有两次反射，副虹的颜色次序跟主虹相反，外侧为紫色，内侧为红色。

副虹其实一直跟随主虹而存在，只是因为它的光线强度较低，所以有时不被肉眼察觉而已。

宇宙科学馆

断虹也叫"短虹"，黄昏时分出现在东南方海面上，由台风外围低空中的水滴折射阳光而成，无弧状弯曲，色彩也不鲜艳，故得名"半截虹"。

铺天盖地的冰雹

冰雹是一种固态降水物，由透明层和不透明层相间组成。冰雹的形状各不相同，多数呈球状，有时呈锥状或不规则形状。

冰雹的形成

大量水汽在强烈的阳光照射下急剧上升，到高空遇冷迅速凝结成小冰晶往下落，一路上碰上小水滴，掺和在一起变成雪珠。雪珠在下降过程中被新的不断上升的热气流带回高空。就这样，雪珠在云层内上下翻滚，裹上了层层冰外衣，越变越大，也越来越重，最终上升气流托不住了，便从空中落下，形成冰雹。

我国冰雹的分布

我国冰雹的分布有这样一个特点：西部多，东部少；山区多，平原少。冰雹在我国东南部地区很少见，常常几年，甚至几十年也遇不到一次；而青藏高原则是冰雹常光顾的地区，局部地区每年下冰雹的次数超过 20 次，个别年份多达 50 次以上。唐古拉山的黑河一带是我国年均降冰雹最多的地方，平均每年下冰雹达 34 次之多。

超神奇！

根据冰雹的直径，冰雹可分为四个等级：小冰雹、中冰雹、大冰雹和特大冰雹。

冰雹是一种危害较大的灾害性天气。它出现的范围虽然较小，时间也比较短促，但来势猛、强度大，并常常伴随着狂风、强降水、急剧降温等阵发性、灾害性天气过程。我国是冰雹灾害频繁发生的国家，冰雹每年都给农业、建筑、通信、电力、交通及人民生命财产带来巨大损失。据统计，我国每年因冰雹所造成的经济损失达几亿元甚至几十亿元。

宇宙科学馆

催化法是人工防雹常用的一种方法。该法是往冰雹云内播撒大量碘化银微粒或食盐粉末等，破坏冰雹的形成过程，从而避免冰雹造成严重危害。

惊心动魄的雷电

雷电是一种伴有闪电和雷鸣的雄伟壮观而又有点儿令人生畏的放电现象，它往往伴随着降雨产生，偶尔也会晴天打雷，俗称"晴天霹雳"。

雷电的形成

雷电现象一般产生于积雨云中，这种云的顶部比较高，能够达到 20 千米，云的上部常有冰晶，冰晶中的水滴破碎以及空气对流等过程使云中产生了电荷。云中电荷的分布较复杂，但总体而言，云的上部以正电荷为主，下部以负电荷为主。因此云的上、下部之间形成一个电位差。当电位差达到一定程度后，放电现象就会产生，这就是我们看见的闪电。放电过程中，闪电经过的路径中温度骤

增，空气体积急剧膨胀，从而产生冲击波，导致强烈的雷鸣，这就是人们听到的雷声。

雷电的类型

雷电可分为直击雷、感应雷等。直击雷是云层与地面凸出物之间发生放电形成的，是威力最大的雷电。感应雷也称雷电感应，分为静电感应和电磁感应两种。静电感应是由雷云接近地面，在地面凸出物顶部感应出大量异性电荷所

超神奇！

人们把声音响亮，犹如爆炸的雷称为"炸雷"；人们把声音沉闷的雷称为"闷雷"。常说的"拉磨雷"其实就是一种闷雷。

致。电磁感应是由雷击后巨大的雷电流在周围空间产生迅速变化的强大磁场所致。

防雷意识

在雷雨季节，我们随时都要有防雷和自我保护意识。我们要善于根据所处的地形环境、气象条件以及经验来观察、判断自己是否处于危险之中。在思想上一定要高度重视，不要认为雷电灾害只是偶然，不会发生在自己身上。另外，也不要惊慌失措，而是要沉着冷静，保持平常心态，积极应对。

宇宙科学馆

电磁感应能在附近的金属导体上感应出很高的电压，造成对人体的二次放电，同时损坏电气设备。

席卷大地的台风

台风是发生在北太平洋西部风力达 12 级或以上的热带气旋。夏秋季节，我国沿海地区往往频繁遭到台风的袭击。

台风的结构

台风一般有台风眼区、涡旋区、螺旋雨带区 3 部分。

由台风的边缘向内一直到最大风速区的外缘是螺旋雨带区。这里有几条呈螺旋状的雨带，雨带所经之处会降阵雨，出现大风天气。

台风的涡旋区也叫云墙区、眼壁，一般直径为

200～400千米，风力常在8级以上。这里布满了高耸的云墙，狂风呼啸，暴雨倾盆，是天气最恶劣的地方。

台风的眼区一般是圆形的，也有椭圆形的。台风眼区气流下沉，通常是安静无风的晴朗天气。

台风的危害

台风灾害是我国夏季经常发生的一种气象灾害，也是世界上最严重的自然灾害之一。台风具有很强的破坏力，狂风会掀

超神奇！

世界上平均每年都会发生80～100次台风，大都发生在太平洋上。

宇宙科学馆

据统计，台风多发区域海水温度比较高，也是南北两半球信风相遇的区域，因此那里很容易产生台风。

翻船只，摧毁房屋及其他设施。台风引起的巨浪能冲破海堤。台风经过之处还会带来大暴雨，暴雨能引起山洪等次生灾害。

台风的好处

台风对人类的贡献主要有以下三个方面。

第一，台风是从海上来，可以带来大量的雨水。

第二，靠近赤道的热带、亚热带地区日照时间长，干热难忍，台风可以驱散这些地区的热量，保持地球的热平衡。

第三，台风能增加捕鱼产量。每当台风吹袭时，翻江倒海，将江、海底部的营养物质卷上来，鱼饵增多，吸引鱼群在水面附近聚集，渔业产量自然提高。

地动山摇的地震

地震是对人类危害最大的自然灾害之一，它犹如一只庞大的怪兽，不仅可以夺走数以万计的生命，而且会在瞬间毁灭无数财产。

地震的概述

超神奇！

世界上最早的地震观测仪器——地动仪，是由我国东汉科学家张衡发明的，地动仪要比西方同类仪器早诞生 1700 多年。

地震又称地动，是指因地球内部的巨大压力使岩石断裂、移动而引起的震动。地震开始发生的地点称为震源，震源正上方的地面称为震中。

地震的分类

地震按成因一般可被分为天然地震、人工地震和诱发地震三大类。

　　自然界发生的地震，叫作天然地震，如构造地震、火山地震、陷落地震等。构造地震是由于地壳运动引起地壳构造的突然变化导致的，这类地震发生的次数最多，破坏力也最大；火山地震是指由于火山活动时岩浆喷发冲击或热力作用而引起的地震；陷落地震一般是因为地下水溶解了可溶性岩石，使岩石中出现空洞，空洞随着时间的推移不断扩大，或者由于地下开采矿石形成了巨大的空洞，最终造成了岩石顶部和土层崩塌陷落，从而引起地面震动。

　　人工地震是由人类活动如开山、开矿、爆破等引起的地表晃动。

　　诱发地震是指在特定的地区由于某种地壳外界因素诱发而引起的地震。

地震学

作为一门科学，地震学目前尚不完善，地震预报仍有相当大的难度。但是，地震研究的成果已使人们相信，人类可以防御这一灾害。1987年，第42届联合国大会通过第169号决议，决定在1990—2000年开展"国际减灾"活动。地震已作为重要内容被列入自然灾害系统研究工作，人类最终将准确无误地在地震发生前拉响警报。

宇宙科学馆

一般来讲，一次地震发生后，震中区的破坏最严重，烈度最高，这个烈度被称为"震中烈度"。

声势浩大的洪水

洪水是当今世界上给人类带来较大损失的自然灾害之一，被称为人类的"头号杀手"。

洪灾和涝灾

超**神**奇！

一般所说的洪水灾害，以洪涝灾害为主。洪灾一般是指河流上游的降水量或降水强度过大、急骤融冰或融雪等导致的河流水位突然暴涨，超过河道正常行水能力，在短时间内排泄不畅，

按照形成原因，洪水可分为暴雨洪水、融雪洪水、冰凌洪水、暴潮洪水等。按照洪水重现期，洪水可分为常遇洪水、较大洪水、大洪水与特大洪水。

甚至使堤防溃决，造成洪水泛滥。涝灾一般是指由于本地降水过多，或受上游洪水的侵袭，或受海潮顶托影响等，造成地表积水不能及时排泄而形成的灾害，多表现为地面受淹、农作物歉收。

直接灾害和次生灾害

洪涝的直接灾害主要是由于洪水直接冲击破坏或淹没所造成的危害，如人口伤亡，土地淹没，房屋冲毁，堤防溃决，水库垮塌，交通、电信、供水、供电、供油（气）中断等。

次生灾害对灾害本身有放大作用，它使灾害不断扩

大延续。一场大洪灾来临，首先是低洼地区被淹，建筑物浸没、倒塌，然后是交通、通信中断，接着是疾病流行，生态环境恶化，而灾后生活资料和生产资料的短缺常常造成大量人口的流徙，增加了社会的动荡不安，甚至严重影响国民经济的发展。

洪水的防治工作

洪水给人类带来了难以估量的损失，为了减少洪灾的损失，我们应该从两方面努力。一是预防：要在河流的上游多种植绿色植物以保持水土；注意爱护自然环境，与自然和谐相处。二是洪灾发生时要积极应对：加固大坝、转移人和物等。

宇宙科学馆

在灾害链中，最早发生的灾害称原生灾害，即直接灾害；次生灾害是指在某一原发性自然灾害作用下，连锁反应所引发的间接灾害。

遮天蔽日的沙尘暴

沙尘暴是强风将地面大量尘沙吹起，使空气混浊，水平能见度小于 1 千米的天气现象，主要出现在我国西北地区和华北北部地区。

沙尘暴的形成

沙尘暴是一种风与沙相互作用的灾害性天气，它的形成与地球温室效应、厄尔尼诺现象、森林锐减、植被破坏、物种灭绝、气候异常等因素有着很大的关系。其

超神奇！

沙尘暴是一种沙尘天气。除了沙尘暴，沙尘天气还包括浮尘、扬沙、强沙尘暴和特强沙尘暴。

中，人口膨胀导致的过度开发自然资源、过量砍伐森林、过度开垦土地是沙尘暴频发的主要原因。在我国西北地区，森林覆盖率本来就不高，人们还靠挖甘草、开矿等行为谋利，这些掠夺性的破坏行为加剧了这一地区的沙尘暴灾害。裸露的土地很容易被大风卷起形成沙尘暴甚至强沙尘暴。

沙尘暴的危害

沙尘暴不仅会造成房屋倒塌、交通供电受阻或中断，还会破坏环境、污染空气、破坏农作物生长，给国民经济造成严重的损失。

沙尘暴不仅会给人们带来经济上的损失还会对人们的生命、健康产生不利影响。医学专家也发出警告，出现大风沙尘天

宇宙科学馆

通常情况下，人的鼻腔、肺等对尘埃有一定的过滤作用，但沙尘暴带来的细微粉尘过多过密，极有可能使患有呼吸道过敏性疾病的人群旧病复发。

气，空气已属重度污染，极易引发呼吸系统疾病。此外，因为与沙尘暴相伴的是狂风，所以，沙尘暴发生时人们应离河流、湖泊、水池远一些，以免被吹落水中，导致溺水。

沙尘暴的防范

出现沙尘暴时，应避免外出。必须外出时，应戴口罩或用纱巾蒙头，以免沙尘进入眼睛和呼吸道；行走时不要靠近河边、水渠、广告牌、树木等，以免发生意外；骑车、开车时要谨慎，应减速慢行。多喝水，多吃清淡食物，不要购买街头露天食品；沙尘进入眼睛时，不要用力揉搓，应请人提起上眼皮吹掉或用棉签轻轻擦去沙尘；一旦发生慢性咳嗽并伴咳痰或气短、发作性喘憋及胸痛时，均须尽快就诊，求助于专业的医护人员，进行相应的治疗。